U0084419

1天就學會鉤針

飾品&圍巾&帽子&手袋&小物

編織達人　王郁婷　著

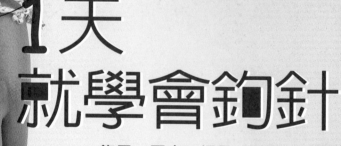

Accessory

Muffler

Cap

Small Bag

Interior Ltem

Zakka

★基本針法圖解、照片介紹，Step by Step立刻上手
★附製作圖形，初學者一看就會！

朱雀文化

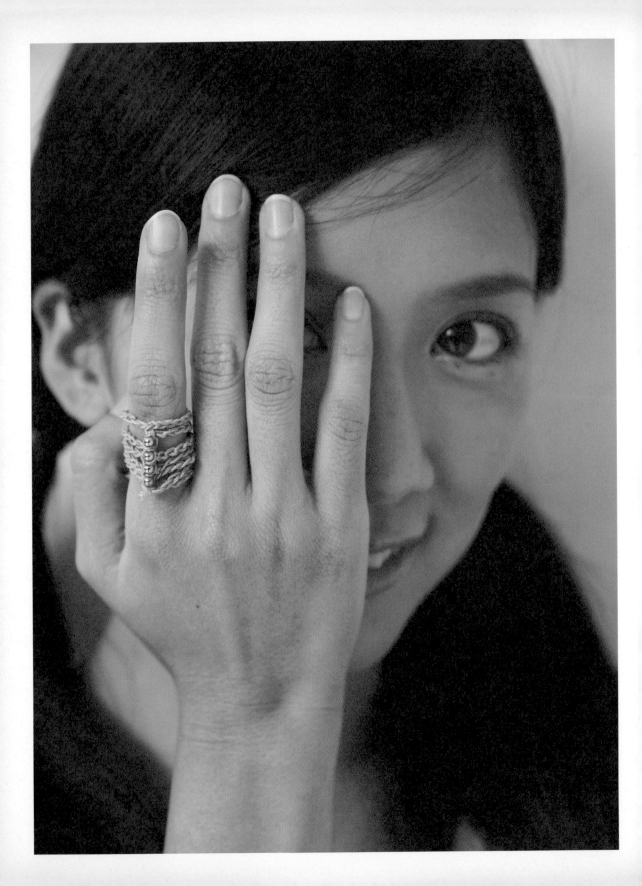

一本簡單、具設計感的鉤針入門書

尋常的一日，城市繼續他轟隆隆的建設，貓咪依舊躡腳走路，秋光是金色的，也不知道是什麼時候開始？芬芳的咖啡杯旁，常有我埋頭織織織，一抬眼窗外都不知何月何年了的恍惚之感，但我通常欣然一笑，看到作品耀眼美麗就滿心歡喜不已。我喜歡自己動手做，為了能凸顯衣著上的不同註解，管他時日怎樣變遷，喜歡就這樣好像沒有終止的繼續動手做，持續編織，對鉤針、棒針的喜愛只增無減。

高中學的是設計，在那個愛美的年紀，鉤毛線成為我打扮自己的第一步。開始時看書埋頭自學，遇到挫折後拜師學藝，大學時更進入日本編物文化協會，學習正統的毛線編織手法，在此，我深深瞭解任何技藝基礎的重要，正因基礎紮實，我才能以此設計、創作出屬於自己的作品。

而這本書，是一本簡單卻有想法的鉤針編織書；一本淺白中有新設計風味的入門書。我們可以在毛線的鮮活配色裡找到時尚感，可以在簡單款式中加入緞帶、亮片與珠珠增添別緻感，也可以在基本線條中找到最近這幾年流行的隨性罩衫，在這樣的設計基礎上，我更鼓勵所有的讀者，依照書本中的基本練習，做出專屬你自己的獨特毛線作品。用一點新的想法與簡單的製作，讓打毛線這件事受到更多人的喜愛與接受，就是我的願望。開始吧，去買一點毛線，我們要開始一趟有趣的創作旅程了，等作品一完成，你就知道穿著它帶上它，自己有多愉快。

最後把這本書特別獻給兩個人，一是我的父親，那個總為我默默付出的老好人；二是我的姑姑，永遠記得她拿著一針一線的美好身影。

Contents

Simply and Easily to Make

PART 1

超簡單
1球毛線1天搞定

對於毛線初學者，只要學會鉤針基本針法，只需1球毛線，1天就能鉤好圍巾、帽子、項鍊、髮飾和餐墊，成功率百分之百，每個人都一學就會！

Blue flower Muffler

做法一p.66

溫暖的藍色花朵圍巾

寒冷的冬天真提不起勁出門，
每天躲在家裡，
都快成了大懶蟲啦！
昨天媽媽織了條
又暖又美麗的圍巾給我，
輕柔的毛線織成朵朵藍色小花，
配薄毛衣、小洋裝都好看，
圍上它，
逛街就不怕寒冷了！

Pink Hat

青春的粉紅帽

以寬毛線鉤成的粉紅線，

帶點夢幻，

是年輕女孩的顏色。

寬毛線形成的大空洞設計，

顛覆冬天才能戴毛線帽的刻板印象，

使它成為一年四季

做造型的好幫手。

楓葉漸紅，

馬上鉤馬上戴出門吧！

做法一p.68

溫柔的漸層色袖套

想要告別蝴蝶袖擁有美臂？
即使待在冷氣房，
也不想穿長袖的毛衣，
美麗的OL們，為免雞皮疙瘩四起，
你絕對需要一對美麗袖套！
千萬別以為是防熱袖套，看到它，
你一定會喜歡。

Gradient Colors
Knit Oversleeve

Spangles Knit Necklace

時尚的亮片頸飾

以金、銀或其他金屬製成的項鍊到處可尋，
但你一定很少見到
毛線鉤成的項鍊、頸飾吧！
綴上時下最流行的長條形亮片，
更添幾許流行氣息。
想要與眾不同，
毛線頸飾是不錯的選擇。

做法—p.70

流行的亮片腕套

你沒想到毛線也能鈎可愛的腕套？
若嫌金銀腕飾太老套，
只要一顆毛線，
也能DIY漂亮的腕套。
除了亮片，也可搭配小珍珠、琉璃或金珠，
做法簡單，
每個人一定都學得會。

Spangles Knit Wrist Accessories

做法─►p.71

亮眼的
雙色項鍊

Knit Necklace

鉤針中最基本的鎖針，
初學者最快學會，
好好利用，也能完成美麗的小飾品。
這條項鍊，
以鎖針搭配珠珠就能搞定，
初學者1小時就OK。

做法一 p.72

夢幻的金珠戒指

超簡單的毛線戒指是不會失敗的作品，
分別選用夏紗、毛海或粗毛線
能呈現不同風格。
夏天可選夏紗、細毛線，
毛海或粗毛線則是秋冬不二選擇。
再縫上水鑽、珍珠或亮片，
四季四種風情。

Knit Ring

可愛的粉紅花朵髮飾

利用鉤成的小片直接捲成一朵花，看似困難，實則簡單。毛線花朵實用性高，
加上綁帶、胸針或綁條細繩當項鍊，一花數用。為配合寒冷，不妨捨棄夏天的
點點、蝴蝶結髮飾，來個應景的毛線花朵，
讓今年冬天特別不一樣。

Pink Hair Accessories

搶眼的藍色胸花

胸花如同項鍊般，
是全年不退流行的飾品，
購物成癡的女性們，早已買了不知多少。
告訴你一個既可省錢，
又可隨心所欲設計的好方法──
買毛線自己做，
不僅可搭配各色的衣服，
更可別在包包上，
一舉數得。

Blue Brooch

做法—p.74

White Lace Mat

悠雅的圓形蕾絲墊

純白的蕾絲墊，最適合喜愛居家生活的你。可以用作杯盤墊或雜貨小物墊，
東西雖小卻實用。若嫌白色易髒，可選擇其他深色蕾絲線。
只要花一點點時間，生活可以過得更悠閒。

做法一p.76、77

Knit Bottle Holder

實用的瓶套

是否嫌自己的水瓶、杯子太老土，
透明瓶身有點寂寥？
可以嘗試利用稍粗的毛線，
替它們做些美麗的外衣，
好好整型一番……

氣質的
方形蕾絲墊

超有氣質的蕾絲線，
是美女的最愛，
拿來鉤背心、毛衣再適合不過。
但對毛線初學者來說，
可以選淺色的蕾絲線，從小物開始鉤起，
像餐墊、杯墊等，
在短時間內就能完成！

White Quadrate
Lace Mat

走一趟日本編織大展

　　日本人多麼喜愛、尊敬手工藝，我想只要是愛編織的人到了日本，都有如魚得水的欣喜與有朋在遠方的不寂寞感。即使是對編織無概念的人，若有機會看到這些美麗有創意的作品，當下也會不由自主的發個願說：「有空我應該也來學學吧！」是的，這就是日本的編織，不分男女，都能快樂的發展讓自己放鬆的休閒興趣。

　　喜愛編織的我，對參觀日本的編織大展感到興奮，欣賞完後心中也有滿滿感想，最開心是看見許多同好，不管老老少少，大家都因對編織的熱愛齊聚一堂，也藉由無私的傳授，不斷的交流與展出，個人的編織技巧才會愈來愈進步。而展覽中有一貫日本式的傳統，同時，也看見激發新創意的編織，在新與舊之中悠游穿梭。

　　時下日本編織流行的風潮，比較著重在線材上的創意，比如說，在環保意識抬頭的現代，提倡用天然素材做草本染，不會造成環境污染，同時在染線或染衣的製作裡創造更多的樂趣。也有看到利用藍染古法所製作出來的和風棉線，加上東方風創意設計的款式，展現特有的禪意編織作品。還有人利用美麗的緞帶或精緻的布條來編織，形成十分優雅風格的作品，這些都是在台灣看不見的。

　　除了展覽中的編織物品，其實，偷偷觀察參觀的民眾也很有趣。你可以見到十七、八歲神色冷淡叛逆的少女，掛著單邊毛線編織的大耳環與絕無僅有的毛線項鍊；你可以見到雍容華貴的氣質貴夫人，穿著一身繁複鉤針編花的套裝卻不顯俗套；也有北海道來的爺爺，穿著一身帽子、背心、襪子，都充滿北國風情的傳統毛衣花案的瀟灑，還有數不盡的編織愛好者，穿著自己得意的作品，觀賞與被觀賞著。我想，這是我參觀編織大展最意外的驚喜了！

　　身為編織愛好者，我們能給自己或給他人創造豐盛的禮物，留下一些溫暖的紀錄，可以說，真是太幸福了！正欲走進編織大門的你，不久也能親身體驗。

芭比娃娃也穿毛衣

毛衣織的和服

Do It Pratically and
Pretty Yourself

PART 2 超好做
美麗成品自己鉤

想必你已經愈來愈熟練了，可以開始來點富變化、美麗實用的大件作品了，想到馬上可以展現自己的成品，是否迫不及待想開始了？

Blue flower Hat

做法→p.80

俏麗的
藍色花朵帽

毛茸茸的藍色毛海＋花朵帽，
在一片灰暗的顏色中，
很難叫人不注意。
除了穿大衣、圍圍巾來抵擋寒風，
千萬別忘了頭部的保暖，
小小一頂帽子，讓你整個冬天都暖烘烘的。

Pink Muffler

做法—p.81

甜美的

淡淡粉紅色的圍巾，
是青春無敵之少女學生們的最愛，
無論搭配制服或休閒服，
都是裝扮自己的好幫手。
換球粉綠或鵝黃毛線，
更能展現不同風情。

Pink × Golden Short Cardigan

做法—p.88

亮眼的粉紅金蔥短罩衫

擔心削肩洋裝遮不住展翅的蝴蝶袖，
只好再多披件有袖小外套？
其實穿一件短袖小罩衫，
就能解決問題了。
這件粉紅雜著金蔥細絲的小罩衫，
逛街或舞會都實穿，
還能變化面貌成短圍巾喔！

Green Babushka

高貴的綠色披肩

三角披肩可不是奶奶媽媽那一個年紀的專屬品，
只要選對顏色，
再縫上些透明珠珠、亮片或彩珠，
最適合時下年輕人啦！
可正圍也可側披，
隨時搭配心情做不同變化，
你也是小小造型師。

Flower Button Stole

溫暖的花鈕釦腰部小罩衫

羨慕外國女生冬天戴著披肩嗎？台灣的冬天雖不若歐美寒冷，
但入冬的寒氣也讓人頗難抵擋，穿膩了大衣外套，
偶爾也可換上件毛毛披肩，一樣讓你不受寒。

Ribbon Stole

做法一p.86

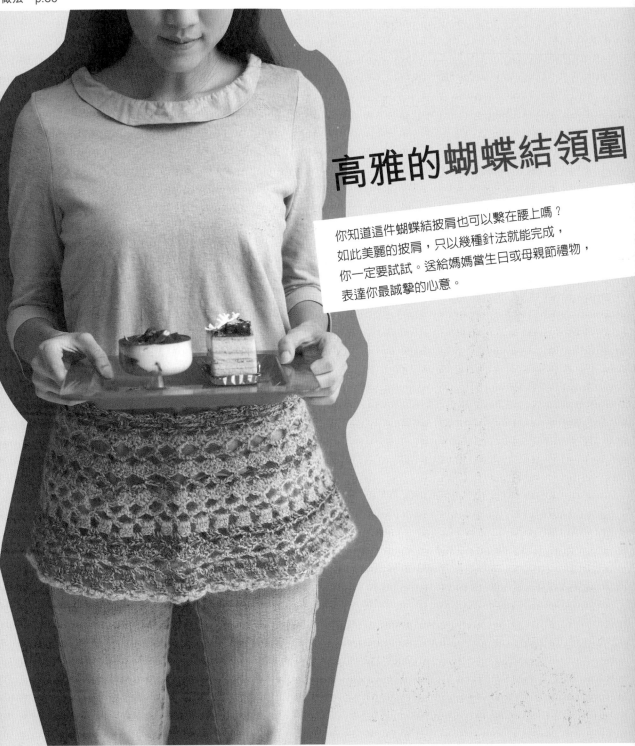

高雅的蝴蝶結領圍

你知道這件蝴蝶結披肩也可以繫在腰上嗎？
如此美麗的披肩，只以幾種針法就能完成，
你一定要試試。送給媽媽當生日或母親節禮物，
表達你最誠摯的心意。

做法—p.89

Light Yellow Stole

淡雅的鵝黃套頭披肩

一看到這條淡黃色的套頭披肩，
就給人一種快樂、悠閒的感覺，
每次和朋友們出遊，
我一定披上它，
希望大家都能和我一樣擁有好心情！

做法一p.90

Red Camisole

性感的 紅色小可愛

夏天最受歡迎的細肩帶小可愛你買了嗎？這件以紅色毛線搭配緞帶的小可愛，有別於一般材質，穿上它更讓你展現性感，還有背面可愛的蝴蝶結，穿上後更與眾不同！

做法一p.91

輕便的圓形手袋

Round Bag

小小的圓形毛線手袋，
放著出門必備的錢包、手機等小物，
逛街購物提了就走，
易於搭配的顏色，
完全不需煩惱該選擇什麼衣服。

做法一 p.92

Candy-striped Mobile Case

個性的條紋手機套

一般市面販售的都是直立式手機套，
若你買的是折疊式手機怎麼辦？
建議你量了手機尺寸，然後自己DIY，
避免買來的成品與手機不符。

做法一p.93

Kint Coaster

可愛的瓢蟲手機套

你的手機有穿衣服嗎？
只綁個吊飾還不夠，再加件外衣，
除了更美麗，還有保護機殼、螢幕的作用。
在毛線套外綁上不同的小瓢蟲、小鳥，
DIY的手機套更加獨一無二。

Kint Coaster

萬用的圓形＆方形杯墊

各種形狀的杯墊，是毛線初學者最容易學會的東西，
其中又以方形、圓形的最簡單。
這類小墊子除了拿來作杯墊，還可用來墊筆筒或瓶罐類，
妙用多多，你的桌上也擺放好了嗎？

Knit Katyusha

個性的咖啡色粗髮帶

文靜、有氣質且髮量較多的女生，
建議你使用這條粗髮帶，
它更能將你的頭髮牢牢固定，
即使碰到狂風，
頭髮也不再怕被吹亂。
若將它套在脖子上，
馬上就變成可了愛的頸圍。

Brown Knit
Katyusha

活潑的彩色髮帶

近來流行的髮框幾乎人手一個，難
免會買到和他人相同的，
戴久了頭皮也會痛，
巧手的女生可以嘗試用多種顏色
的毛線來搭配，
鉤出一條最滿意的髮帶，
大膽秀巧手藝！

最愛的編織書籍 & 雜誌

無論鉤針或棒針，當你踏入了編織的大門，瞭解了鉤針、棒針的使用，以及編織基本符號的做法，你一定迫不及待想編織自己喜歡的花樣、款式和顏色的作品，編織這種能展現個人特殊風格的東西，就是要讓你快樂的設計與創造。

歐美、日本編織書籍或編織雜誌十分豐富，可以看到其他國家的編織工作者目前所研究的不同主題。我總是買個不停，不論是從中得到進步與交流，還是靜靜瀏覽圖片就覺得好心情，都是很洽當的購書理由。以下是針對我的藏書中，選幾本推薦給讀者。

オーガニックコット&リネンで編むかぎ針小もの

這是一本初級、中級的鉤針編織書。書中的美麗作品很能吸引剛學會編織不久的人，你會發現，鉤針不是只能鉤些圍巾、帽子，即使初學不久，作品還是有無限可能。「成美堂」出版的書以簡單易懂為主，這本書是不錯的選擇。

おしゃれニットスタイル

這是本融合了鉤針和棒針的初級、中級編織書。書中作品都是些日常生活使用率高的物品，用色雖不活潑卻很清新柔和，屬於耐看不退流行的作品。其出版社「日本ヴォーグ社　」也是出版這類書籍的佼佼者。

ビーズニッテイグ

一本將時下流行的串珠和編織做巧妙結合的毛線串珠書。書中教你將各式串珠穿入毛線後編織，只要簡單的方法就能製作不同風貌的作品，適合勇於創新的人嘗試。出版的「文化出版局」，是日本相當有名的服飾、藝術、DIY書籍出版社，常見的《裝苑》《high fashion》《ミセス》雜誌，也是他們出版的。

かぎ針一本あれば……

同樣也是「文化出版局」出版的這本書，「利用簡單的鉤短針就可以完成許多迷人的作品」，是這本書的主旨，所以我們可以看到很多很簡單又很有造型的作品，只要會鉤短針，這書裡的每一個作品就可以完成了！

SPECIAL ACCESSORIES

法國編織雜誌，一年四期。這是飛爾達（PHILDAR）毛線公司，針對每季的新產品所設計的時尚編織雜誌。風格無疑是深具法國風情、時尚、浪漫、別出心裁的創意，是喜歡與眾不同的你不可以錯過的一本時尚指南。

VOUGE knitting

美國編織雜誌，一年四期。活潑、創意、時髦、充滿溫暖風味的一本美國雜誌。不但發表引領潮流的編織作品，同時也很用心介紹美國當地的編織現象與趨勢，可以透過本書更瞭解美國編織風現在怎麼吹。

世界の編み物

日本編織雜誌，一年兩期。裡頭的作品穩重大方，技法由深入淺，適合各層面的讀者。是很經得起時間考驗的一本刊物，儘管你翻出幾年前的書，還是可以感受到它歷久彌新的溫柔氣質。

毛糸たま

日本編織雜誌，一年四期。作品切重生活美感，活潑俏麗，富有創意與設計感的編織書。同時收攬許多編織家的最新作品發表，也把流行過的元素重新包裝，用心編輯的一本好樣編織雜誌。

Left knit series
おしゃれニットスタイル

SEIBIDO MOOK
wakuwakuクロビー'll
オーガニックコットン&リネンで編む
かぎ針小もの

Small bag
Accessory
Interior item
Baby wear

日本ヴォーグ社

ビーズニッティング
林ことみ
文化出版局
ads nitting

かぎ針1本あれば………
きゅうなはぬる

文化出版局

Colorful Wrist Warmer a b c...

書中作品很
有時尚味！

SPECIAL
ACCESSOIRES
de 50 Modèles Automne-Hiver 05/06

看看法國流行
些什麼？

knit.1
WEAR
ARE !
sweaters he'll love and
she'll want to borrow

SATURDAY
knit LIVE
WILL FORTE

ice princess
girly clothes for
the urban tundra

made to measure

冷冽的黑色使人提不起勁，
那加上幾條五顏六色的彩色毛線呢？
兩端繫上具質感的皮把手，
冬天提著上街，
整個人都亮了起來，不怕被灰暗的天氣淹沒。

Follow Me to Study Knit

PART3 超實用 基本針法看圖學

鉤針很難學嗎？其實一點都不難，只要你照著以下的
步驟練習，不需1小時，一定可以迅速學會，馬上開始
製作成品。

認識毛線

目前市售的毛線大約分為「一般基礎線」和「特殊變化線」兩種。一般基礎線泛指粗細一致的線，可分為極細、中細、中粗、粗、特粗等；而特殊變化線，則指線的粗細並非完全一致，像泡泡紗、顆粒線、毛海、圈圈紗、金蔥紗等。本書所使用的毛線多以一般基礎毛線為主，適合初學者使用，可先藉基礎線打好基本編織基礎，再進階使用特殊變化線時能更得心應手。

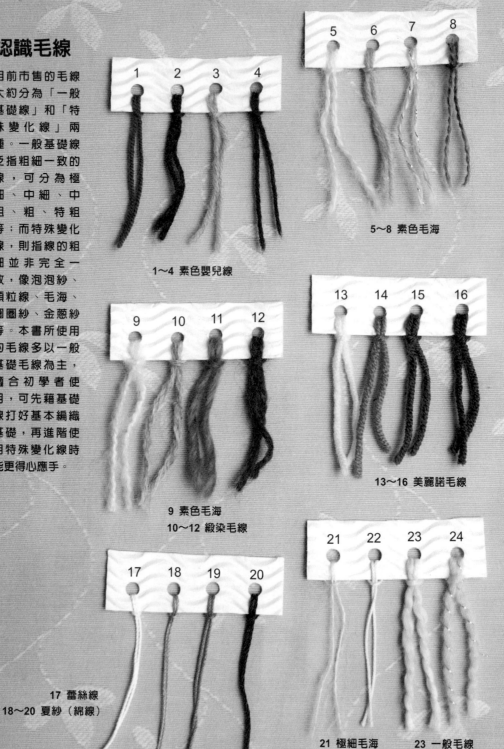

1～4 素色嬰兒線

5～8 素色毛海

9 素色毛海
10～12 緞染毛線

13～16 美麗諾毛線

17 蕾絲線
18～20 夏紗（綿線）

21 極細毛海　　23 一般毛線
22 夏紗（綿線）　24 金蔥毛線

認識編織工具

毛線標籤上大都會標示使用說明、毛線織片密度、適用的針號等，記得要多加留意或詢問銷售人員，決定毛線後，再找到標籤上標明適合的鉤針即可。還有縫針可以做最後縫合與藏線之用，準備好工具，你就可以開始鉤啦！

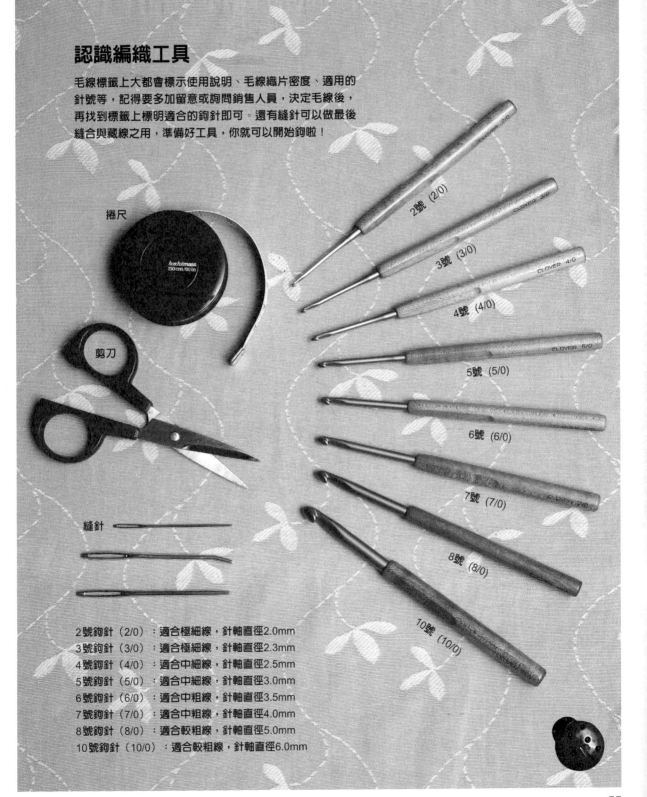

捲尺

剪刀

縫針

2號 (2/0)

3號 (3/0)

4號 (4/0)

5號 (5/0)

6號 (6/0)

7號 (7/0)

8號 (8/0)

10號 (10/0)

2號鉤針（2/0）：適合極細線，針軸直徑2.0mm
3號鉤針（3/0）：適合極細線，針軸直徑2.3mm
4號鉤針（4/0）：適合中細線，針軸直徑2.5mm
5號鉤針（5/0）：適合中細線，針軸直徑3.0mm
6號鉤針（6/0）：適合中粗線，針軸直徑3.5mm
7號鉤針（7/0）：適合中粗線，針軸直徑4.0mm
8號鉤針（8/0）：適合較粗線，針軸直徑5.0mm
10號鉤針（10/0）：適合較粗線，針軸直徑6.0mm

認識符號和編法

想要自己鉤毛線前，一定得記住這些符號的讀法和正確的操作順序。
由這些記號的不同排列組合，就可以做出各種的花樣。

鎖　針

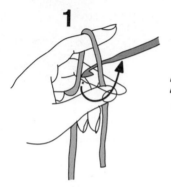

1. 針目起法。右手拿鉤針，鉤針鉤住線後朝箭頭方向拉出。

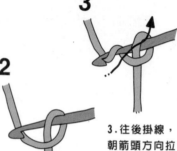

2. 向內繞圈。

3. 往後掛線，朝箭頭方向拉出新鎖針。

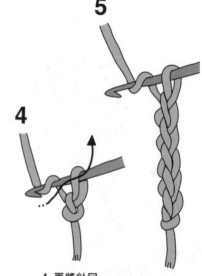

4. 再將針目引拔而出。

5. 重複4.的步驟依序完成，圖中是完成6針鎖針的狀態。

短　針

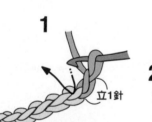

立1針

1. 由前段針目的針頭2線，將鉤針朝箭頭方向穿入。

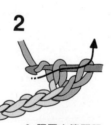

2. 照圖中前頭記號挪動掛線，將2線做引拔。

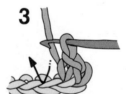

3. 拉出線後完成一個短針。

4. 重複3.的步驟依序完成，圖中是完成5針短針的狀態。

中長針

1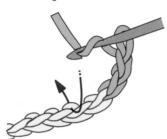

1.鉤針掛線，由前段
的針目將鉤針朝箭頭
方向穿入引出線。

2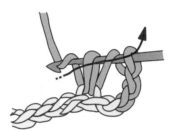

2.照圖中箭頭記號，
再一次掛線，將3線一
起引拔。

3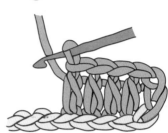

3.重複2.的步驟依序
完成，圖中是完成4針
中長針的狀態。

長　針

1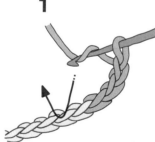

1.鉤針掛線，由前段
的針目將鉤針朝箭頭
方向穿入引出線。

2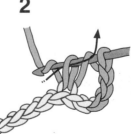

2.照圖中箭頭記號，只
先引拔靠針頭的2線。

3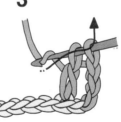

3.再一次掛線，
將鉤針上所剩的
2線做引拔。

4

4.重複3.的步驟依序
完成，圖中是完成3
針長針的狀態。

引 拔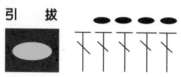

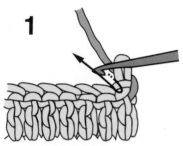

1

1.由前段的針目
將鉤針朝箭頭方
向穿入引出線。

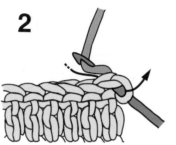

2

2.掛線後,將鉤針上
的針目一起做引拔。

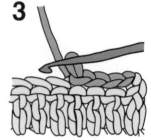

3

3.重複1.和2.的步驟
依序完成,圖中是完
成4針引拔的狀態。

 米 粒 結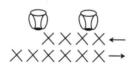

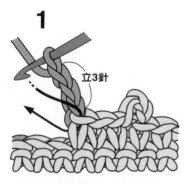

1

立3針

1.三個短針後,鉤出三個
鎖針,朝箭頭方向掛線。

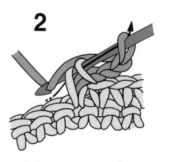

2

2.在原來短針上引拔拉出。

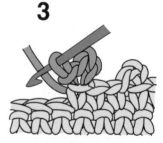

3

3.重複1.和2.的步驟
依序完成,圖中是完
成2個米粒結的狀態。

活動式環狀起針

1

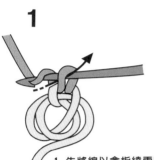

1.先將線以食指繞兩圈成一圓環，鉤針掛線引拔出來。再一次掛線，朝箭頭方向鉤1個鎖針。

2

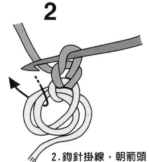

2.鉤針掛線，朝箭頭方向穿過中心環。

3

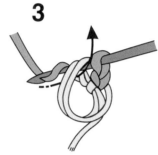

3.朝箭頭方向拉出。

4

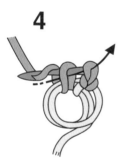

4.線拉出後成1個短針。

5

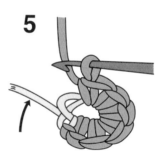

5.重複3.和4.的步驟鉤6個短針，線頭朝箭頭方向拉好。

6

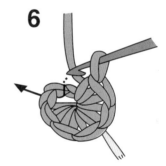

6.第1段的最後，將鉤針朝箭頭方向穿入。

7

7.朝箭頭方向將線拉出。

8

8.再將7.拉出的線朝箭頭方向鉤入。

鉤針編織Q&A

Q1：什麼是鉤針的記號？記號圖怎麼看？

A1：鉤針中有像鎖針、短針、中長針、長針和引拔等記號名稱，學習鉤針前，一定得看懂並瞭解這些記號的意思。尤其這些記號都是世界鉤針共同的語言，學會看記號和記號圖，即使不通外語，一樣可以參考其他書籍製作。

看懂來回鉤的記號

下圖是來回鉤的記號圖。以鎖針起針，然後再按照段數鉤即可。第1段照前頭的方向，從右向左鉤。第2段翻至反面，從左向右編，第3段後則同第1段，依此類推。還有記號圖中若都為相同記號，某些部分會以省略的方式表現。

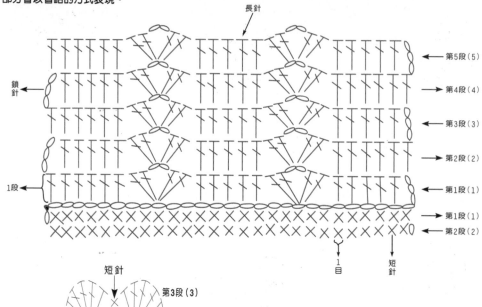

看懂從環狀中心往外鉤的記號

左圖是從環狀中心往外鉤的記號圖。先以鎖針做起針，再成為一個環狀。然後按照記號圖由內而外1段往外鉤。製作這類圓形作品時，若都為相同記號，某些部分會以省略的方式表現。

Tips：

鎖針起針和環狀起針分別
參照p56.和p59.。

Q2：欲鉤製作品前，需要試鉤織片嗎？

A2：在試鉤之前，測量織片密度是很重要的。所謂「測量織片密度」，是指測量10平方公分面積內有多少針多少段，是製作作品前一個重要的工作。由於每個人手法不同，應先測量自己的織片密度是否與書上相同，若有所差異，再按照自己的密度做出書上所要的公分或自己想要的尺寸，完成的作品尺寸才能和計畫中大致相同。

【簡單的測量方法】

欲測量10公分內段數、針數時

1. 先織一片長15×寬15公分的織片。
2. 以蒸氣熨斗輕輕整燙織片，切記不要壓織片。
3. 量出長寬10公分內的段數與針數，如下列圖片所標示。（參見下4圖）

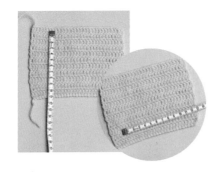

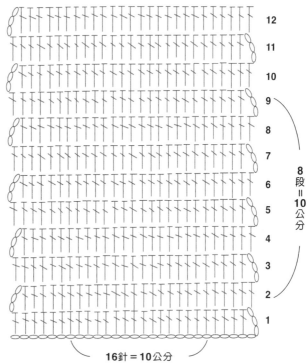

16針＝10公分

8段＝10公分

欲測量10公分內花樣時

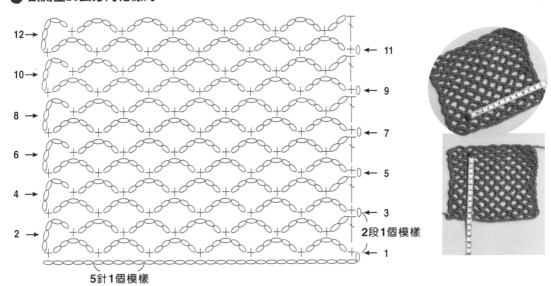

2段1個模樣

5針1個模樣

Q3：如何分別鉤好的織片的正反面？

A3：一般鉤好的織片皆有正反兩面，如果所編的每一針目、每一段都很清晰，就是正面。

另外，還可以觀察第一段，如果鎖針的洞清楚易見，也是正面，相反則為反面。

正　面　　　　　　　　　　　　反　面

長　針

↓（第一段鎖針的正面樣貌）

Q4：如果想購買的是外國線，看不懂線的材質怎麼辦？

A4：進口線因為顏色選擇多，質料較好而廣受大家的歡迎，台灣春夏冬的天氣有差，需依季節而選用不同的毛線，那看不懂外文時真糟糕！這時，可以先看下表，相信可以買到自己想要的毛線了。

中文	日文	英文	義大利文	法文	德文
毛	毛系	Wool	Lana	Laine	Wolle
棉	棉、コットン	Cotton	Cotone	Coton	Baumwolle
麻	亞麻系、リネン	Linen	Lino	Lin	Leinen

Q5：購買毛線時需注意些什麼？
A5：選擇毛線時，注意要在自然光下面比較，才能看出真正的顏色。數量上，建議可以比作品所需數量多買1～2球，以免途中線不夠。如果想要的顏色數量不夠，可挑選顏色近似的，但為免看來很突兀，可以將其用在鉤下擺、領口或花樣的地方較自然。

Q6：買來的毛線該用哪個線頭？需要留多少線頭長度？
A6：通常毛線都是圓球形的，有外和中心內的兩條線頭，記得要用中心內的線頭，若用外圈的線頭，製作過程中毛線容易纏繞住。而且要記住鉤成品時，線頭要先預留約10～12公分，鉤至結尾時，同要也要預留10～12公分再剪線，才能方便藏線。

Q7：毛線成品可以水洗嗎？
A7：以羊毛製作的成品當然可以放進洗衣機裡面洗，但要注意正確的程序。首先，因為羊毛如同人類的毛髮，可以加入冷洗精、洗髮精輕輕壓洗幾分鐘，幫助延長壽命。然後將濕毛衣以毛巾包住或放入洗衣袋，脫水約20秒，最後取出後將毛衣平鋪，待其乾了即成。

Q8：毛線製品能不能用熨斗燙？
A8：毛線可以用熨斗燙。先將毛衣或織片翻到反面，從有接縫處或有花樣的地方先燙平，然後再燙整面。熨斗距毛衣或織片可稍有點距離，如同被蒸氣環繞般，切記不要過份用力壓燙毛衣。

Q9：鉤好一片片的織片該如何連接呢？

A9：最簡單的是利用鎖針縫合。

1.先將兩片鉤好的毛線表面對表面，鉤針由兩片開頭處做引拔。

2.段與段中間鉤出適合的鎖針數。

3.至下一段針頭做引拔。

4.完成圖。

Q10：鉤到最後和起頭處剩餘的線頭如何處理？

A10：可用大縫針將線藏起來。

1.先將每個線頭留約10公分以上，方便藏線，藏線於針目之間。

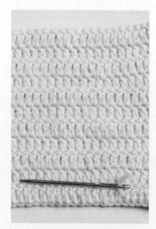

2.將線頭拉出，藏線距離約5公分以上。

3.將剩餘的線頭剪斷。

Q11：雜誌上看見有人將亮片鉤入毛線中，該如何做？

A11：是將有孔的亮片在鉤前就先穿入毛線中，然後如往常般鉤。

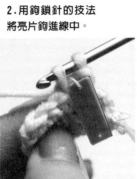

2.用鉤鎖針的技法將亮片鉤進線中。

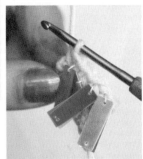

4.完成圖。

1.先將所有亮片一一穿過線。記得在線頭上一點白膠，亮片會更好穿。

3.將亮片固定於線中，依此類推。

Q12：除了將亮片穿入毛線中作變化外，還有其他簡單的做法嗎？

A12：可以利用有孔的珠珠，同樣在鉤前就先穿入毛線中，然後如往常般鉤即可。

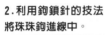

2.利用鉤鎖針的技法將珠珠鉤進線中。

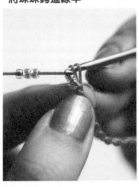

4.完成圖。

1.先將所有珠珠一一穿過線，記得在線頭上一點白膠，珠珠會更好穿過。

3.將珠珠固定於線中，依此類推。

藍色花朵圍巾

材料：中級藍色毛海100克　　工具：8號鉤針、縫針、剪刀

鉤法：

1. 先起201針鎖針。
2. 第1段在鎖針上方鉤一個長針加一個鎖針的組合。
3. 第2段則用3個鎖針加1個短針的組合，將前後兩側都包圍鉤起來。
4. 第3段是第2段中，每3個短針的洞裡，鉤出1個長針加1個鎖針的組合4次，依此類推，將所有短針花樣鉤完即成。

Tips:

1. 注意在鉤第2段時，如圖所示，需將前後兩側都包圍鉤起來。
2. 第3段隨著不斷加針，會出現很浪漫的自然皺褶，很別緻且具設計感。

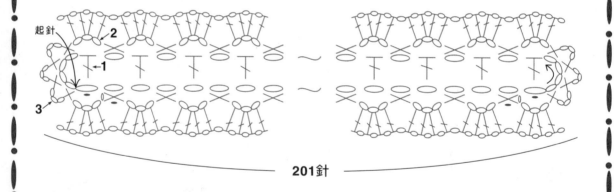

201針

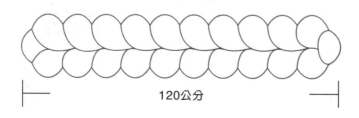

120公分

粉紅帽

材料：中級毛線粉紅色100克　工具：6號鉤針、縫針、剪刀

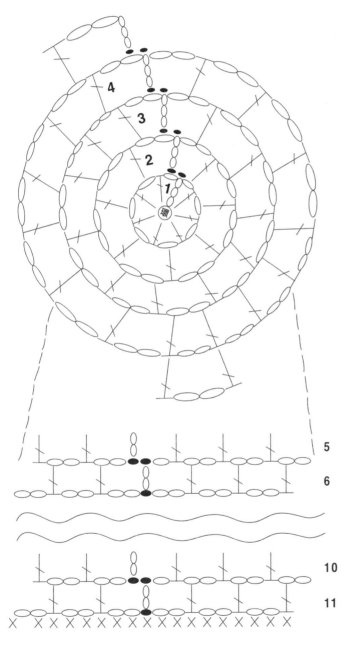

鉤法：

1. 製作帽底：先做環狀起針7針。
2. 第3段需注意分散加針到所需公分數。
3. 製作帽身：第5段至第11段不需加針，
   繼續往下鉤至所需公分數。
4. 最後第14段鉤一圈短針即成。

Tips:

需特別注意分散加針的位置，這個帽子對
初學者非常容易上手。

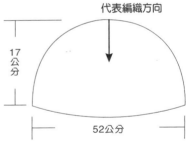

代表編織方向

17公分

52公分

漸層色袖套

材料：細級混色毛海150克　工具：5號鉤針、縫針、剪刀

鉤法：

1. 先做環狀起針44針。
2. 如圖所示，以3個長針加1個鎖針的組合做輪狀編織。
3. 第1段鉤完時，最後一針必須和第一針做引拔接合，然後繼續引拔3針，再起3個鎖針加2個長針當一組花樣，鉤到所需長度即成。

Tips:

1. 這也是標準的輪狀編織作品，重點在第一段鉤完時，最後一針必須和第一針做引拔接合，才能形成環狀。
2. 毛海的線較細、軟，與皮膚接觸觸感柔軟較不刺人。
3.「ㅑ」符號代表有兩片織片。

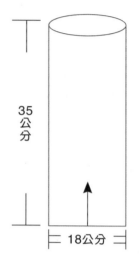

35公分

18公分

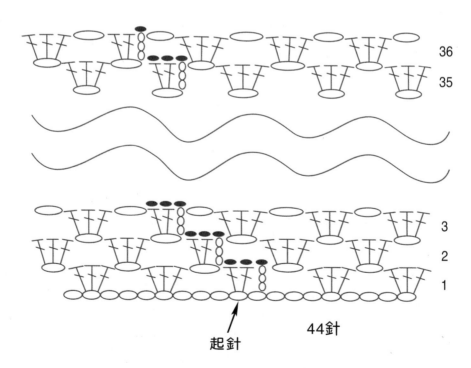

36

35

3

2

1

44針

起針

亮片頸飾

材料：中級毛線淡米色50克、長亮片30克

工具：5號鉤針、縫針、剪刀

鉤法：

1. 先將所有亮片穿入毛線中。
2. 先起4針鎖針，接著每段都鉤短針。
3. 參考本頁亮片配置圖，將亮片慢慢放進短針
　內後一起鉤，直到長度夠了為止。

Tips:

1. 上亮片法參照p.65。
2. 除了參照亮片配置圖，也可依各人喜好於不
　同處穿上亮片，但因這是條頸飾，所以必須
　預留繫脖子處不上亮片，否則會扎到皮膚。

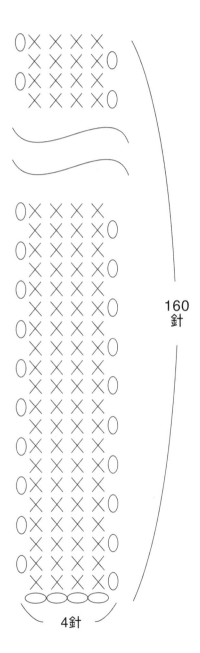

160針

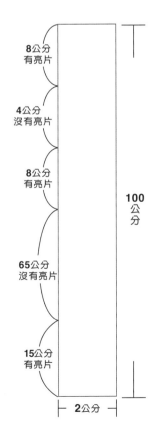

8公分
有亮片

4公分
沒有亮片

8公分
有亮片

65公分
沒有亮片

15公分
有亮片

100公分

2公分

4針

亮片腕套

材料：中級毛線淡米色50克、亮片20克、鈕扣3個。

工具：5號鉤針、縫針、剪刀

鉤法：

1. 先將所有亮片穿入毛線中。
2. 先起20針鎖針，接著每段都鉤短針，每2段上一次亮片。
3. 參考本頁亮片配置圖，將亮片慢慢放進短針內後一起鉤，直到長度夠了為止。
4. 完成後再鉤1段短針和扣眼，另一邊則鉤一點點小花邊後即成。

Tips:

1. 上亮片法參照p.65。
2. 可依各人喜好增減亮片的數量，但不應用太多，亮片與亮片間需留有空隙，成品才漂亮。

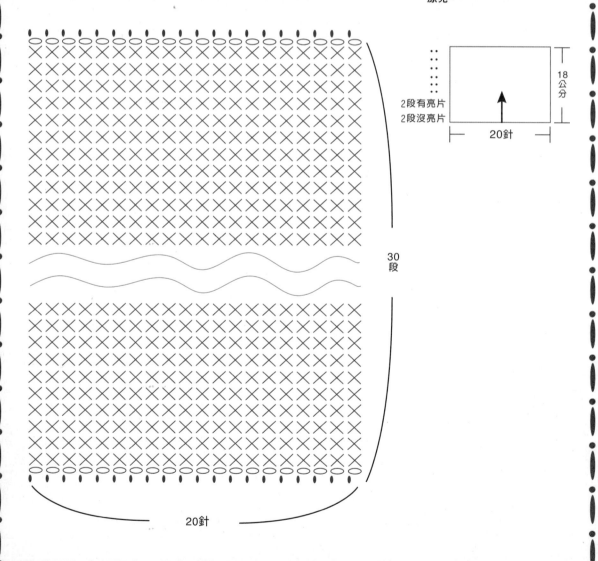

2段有亮片
2段沒亮片

18公分

20針

30段

20針

雙色項鍊

材料：特細級棉線淡綠色20克、黃色20克、透明珠珠100克
工具：3號鉤針、縫針、剪刀

鉤法：

1.穿入珠珠方法參照p.65。先將珠珠分別穿入淡綠色、黃色細線中，珠珠數量隨意。
2.以鉤鎖針的方式鉤，隨意地鉤上珠珠，再鉤鎖針數個，直到長約150公分，鉤淡綠色2條、黃色1條。
3.製作項鍊頭：如圖所示，先起5針鎖針，共鉤3段。
4.將鉤好的3條鎖針綁在一起，在綁線處做一小條項鍊頭包住縫好，再修飾綁線處。

Tips:

1.這個作品相當簡單製作，所需材料少，僅需一點時間就可完成，極力推薦給初學者。
2.這可以當長鍊亦可當短鍊，隨意搭配顏色長度都很可愛。

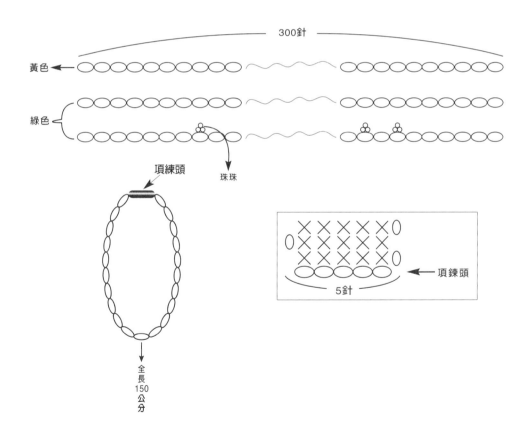

金珠戒指

材料：棉線橘紅色5克、金珠適量
工具：3號鉤針、縫針、剪刀

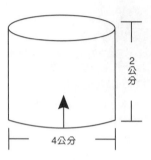

鉤法：

1.先起20針鎖針，繞圈第一個鎖針和最後一個鎖針接合起來。
2.第二段至第六段鉤18個鎖針和1個短針。
3.縫上金珠做裝飾即成。

Tips:

只要少許線就可做成，金珠亦可替換成其他質料或顏色的小珠。

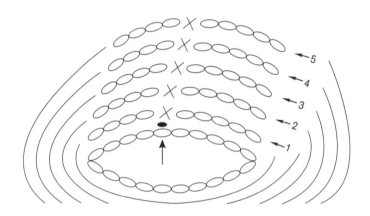

粉紅花朵髮飾&藍色胸花

材料：中級毛線粉紅50克、中級毛線粉藍50克、葉子毛線少
許、亮片少許、髮圈1個、別針1個、珠珠數顆
工具：6號鉤針、縫針、剪刀

鉤法：

1. 先起30針鎖針。
2. 依照模樣編，將兩段花樣鉤完，成一直條型。
3. 如圖所示將花朵輕輕捲起，記得花的中心要稍壓扁，捲好再用縫線疏縫將花形固定好，
   為保持美觀再背面縫一小塊圓底。
4. 鉤好2片。花朵背後縫上別針可做胸花，縫上橡皮圈成髮飾。

Tips:

1. 若是有耐心，可以多做好幾朵，可以當一個很美麗的居家擺飾，拿來佈置環境喔！
2. 記得在捲好花瓣時，要以疏縫的方式縫，切勿縫得太緊。

2片

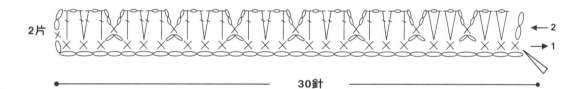

← 2
→ 1

30針

花朵捲法

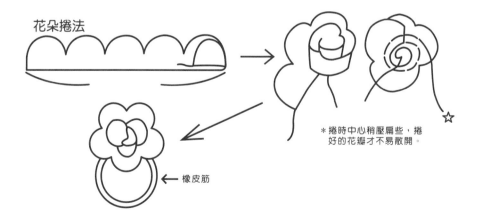

＊捲時中心稍壓扁些，捲
好的花瓣才不易散開。

← 橡皮筋

圓形蕾絲墊

材料：特細級棉線白色50克
工具：2號鉤針、縫針、剪刀

鉤法：

1. 先做環狀起針8針，然後鉤出8個花瓣。
2. 如圖所示，特別注意加針的位置，以及每一段結束與新一段開始的鉤法。
3. 鉤至直徑約25公分，藏線即成。

Tips:

白色的桌墊比較容易弄髒，可以換成除過於深色的其他顏色線來鉤。

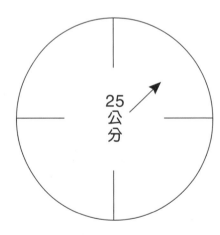

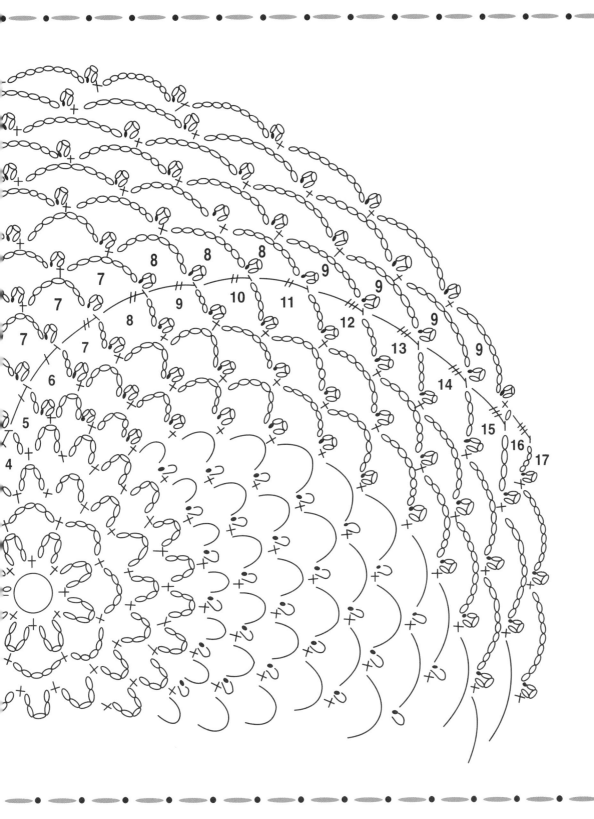

粉紅瓶套

材料：細級毛線粉紅色50克、牛奶瓶1個
工具：4號鉤針、縫針、剪刀

鉤法：

1. 先起40針鎖針。
2. 如圖所示，輪狀編織至所需高度。
3. 第9段為了配合瓶口縮口，記得要減針。
4. 第10段收邊部分使用短針，藏線即成。

Tips:

1. 每一次輪狀編織時，第一段切記不可反轉，
   才可順利繞輪狀往上織。
2. 要特別注意每段起點和結束位置的變化。

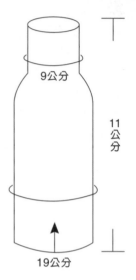

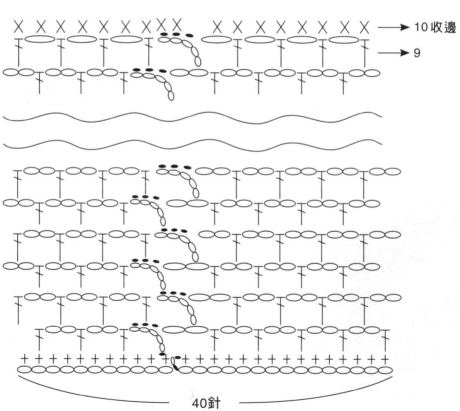

咖啡瓶套

材料：細級毛線咖啡色各50克，牛奶瓶1個
工具：4號鉤針、縫針、剪刀

鉤法：

1. 先起42針鎖針。
2. 如圖所示，輪狀編織至所需高度。
3. 第11段為了配合瓶口縮口，記得要減針。
4. 第12段收邊部分使用短針，藏線即成。

Tips:

1. 每一次輪狀編織時，第一段切記不可反轉，
   才可順利繞輪狀往上織。
2. 如同粉紅玻璃瓶套的做法，要特別注意每段
   起點和結束位置的變化。

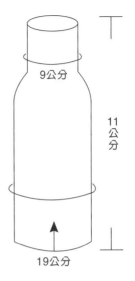

9公分

11公分

19公分

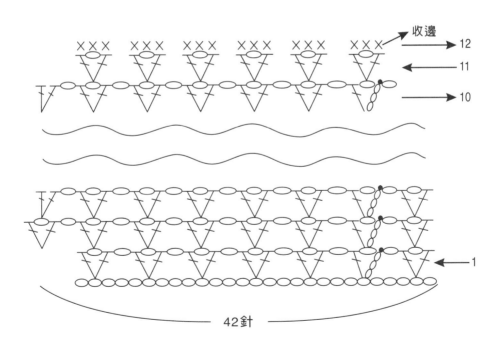

收邊

12

11

10

1

42針

方形蕾絲墊

材料：特細級白色棉線100克　工具：2號鉤針、縫針、剪刀

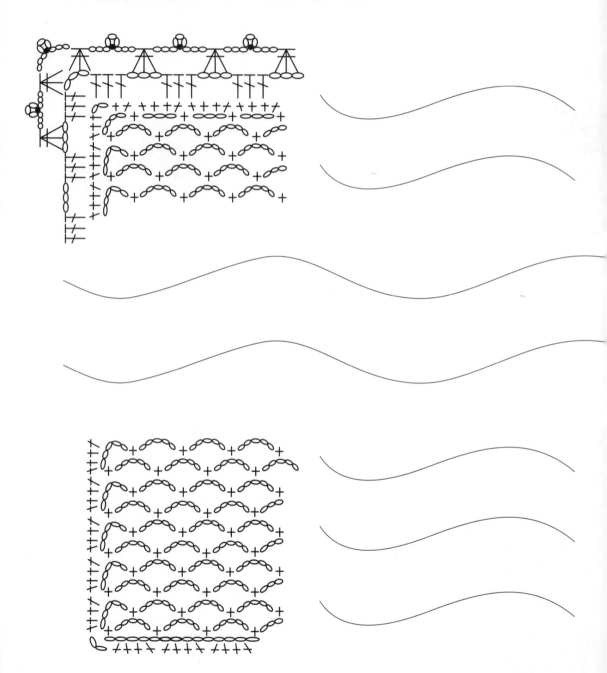

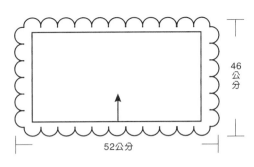

46公分

52公分

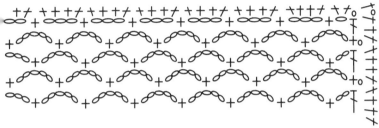

鉤法：

1.先起129針鎖針。

2.如圖所示，鉤完一片長方織片。

3.滾上2段花邊，藏線後完成。

Tips:

欲鉤花邊時，需特別留意外框花邊
的四角加針的位置。

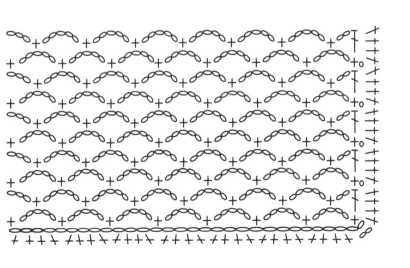

藍色花朵帽

材料：中級毛線紫色50克、藍色少許　工具：6號鉤針、縫針、剪刀

鉤法：

1.製作帽底：先做環狀起針16針。　2.第2段至第5段分散加針到所需公分數，直徑約18公分。

3.製作帽身：第6段至第12段不需加針，繼續往下鉤至所需公分數。

4.製作帽緣：第13段換成藍色毛線鉤一段短針即成。

5.製作花朵：依照模樣編將花朵織好，利用縫針將花朵固定在適當的位置上，藏線後完成。

Tips:

一定要別上花朵，整個作品才會變得更生動，當然你也可以別上其他裝飾品。

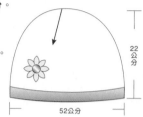

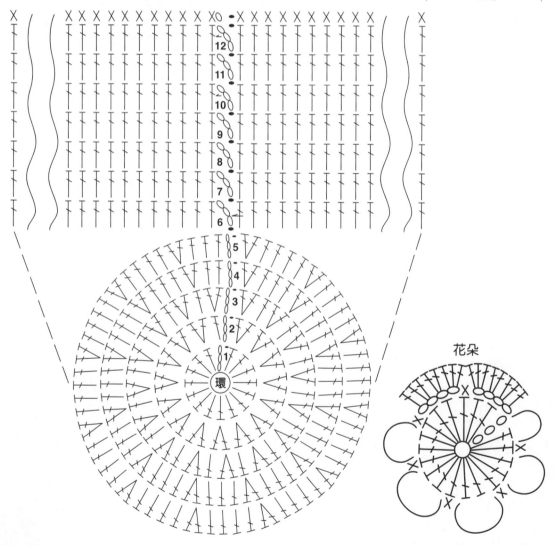

花朵

粉紅圍巾

材料：中級毛線粉紅色200克　工具：6號鉤針、縫針、剪刀

鉤法：

1.先起37針鎖針。 2.如圖所示，共鉤180段。

3.剪100條約40公分長的毛線，每3條線如圖所示繫在方眼格子裡，當作流蘇。

Tips:

圍巾本來就是初學者容易成功的作品，加上選用稍微粗一點的線來鉤，可縮短製
作的時間，但若換成毛海類的細線來鉤，製作時間較長。

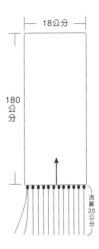

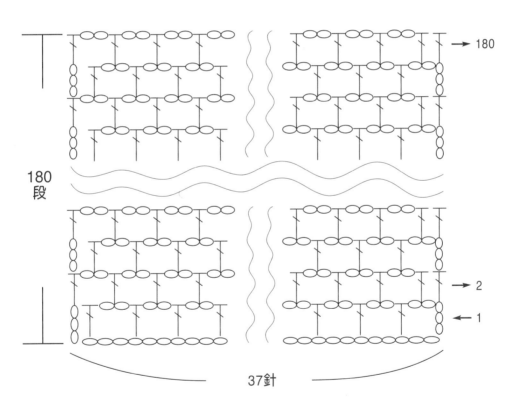

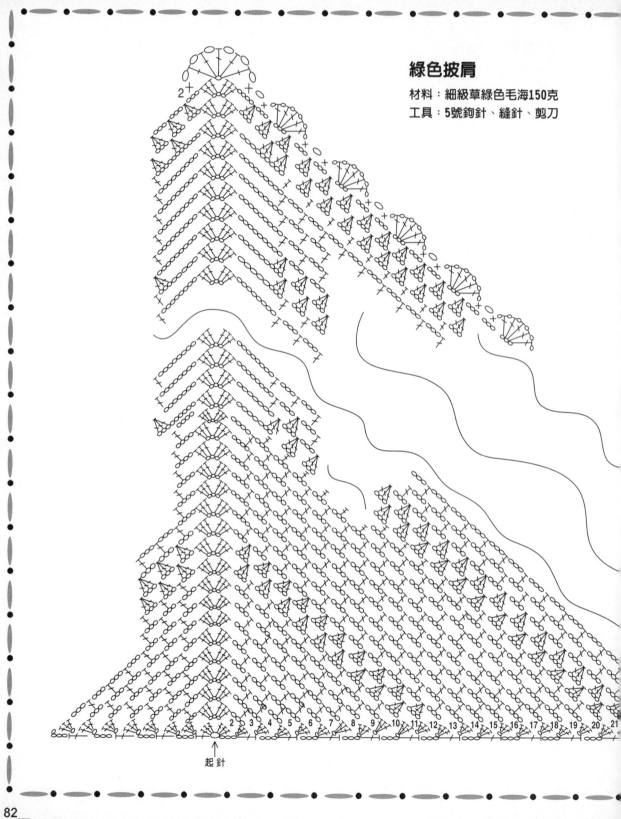

綠色披肩

材料：細級草綠色毛海150克
工具：5號鉤針、縫針、剪刀

起針

鉤法：

1. 先起4針鎖針。
2. 每1段都需如圖所示，依序左右來回織出三角形。
3. 注意在第5段以後，只有兩側和中間的鎖針要漸漸增多，其餘保持不變，即第1至5段為3針鎖針，第6至10段為4針鎖針，依此類推加至7針鎖針，目的是為了要讓三角形順利展開，不會變形。
4. 三角披肩鉤好後，可於最外一圈以花邊修飾，最後藏線即成。

Tips:

1. 需注意每段加針的位置。
2. 使用細毛海已經是比較高級的編織課程，因為織錯了，鉤錯了較不易拆解毛線，建議初學者改使用中級毛線，鉤錯了較容易修正。

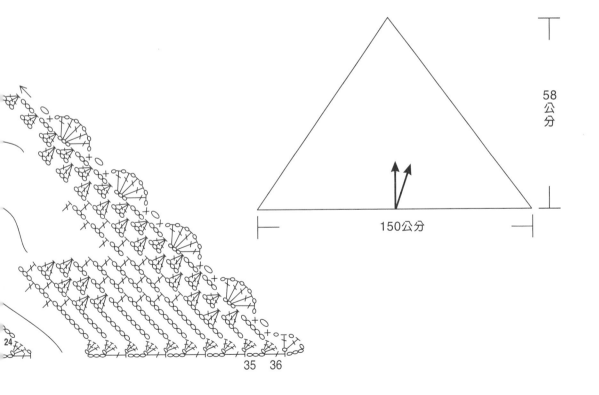

58公分

150公分

24

35　36

花鈕釦腰部小罩衫

材料：中級混色毛線200克、花木頭鈕釦1個
工具：7號鈎針、縫針、剪刀

鈎法：

1. 先起170針鎖針。
2. 如圖所示，鈎至第27段，
   注意分散加針的位置。
3. 第28段鈎一圈花圈即成。
4. 在腰部兩片接合處縫上釦子即成。

Tips:

1. 這個作品和小領圈大致相同，只是
   多了第21段之後，成品較大件。
2. 腰部小罩衫很好搭配許多褲裝，
   此外亦可當作披肩來使用。

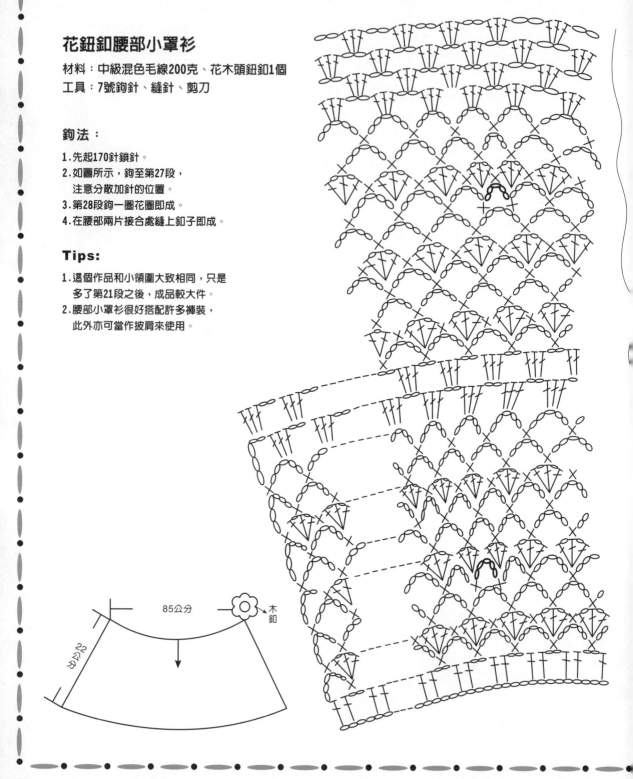

85公分

22公分

木釦

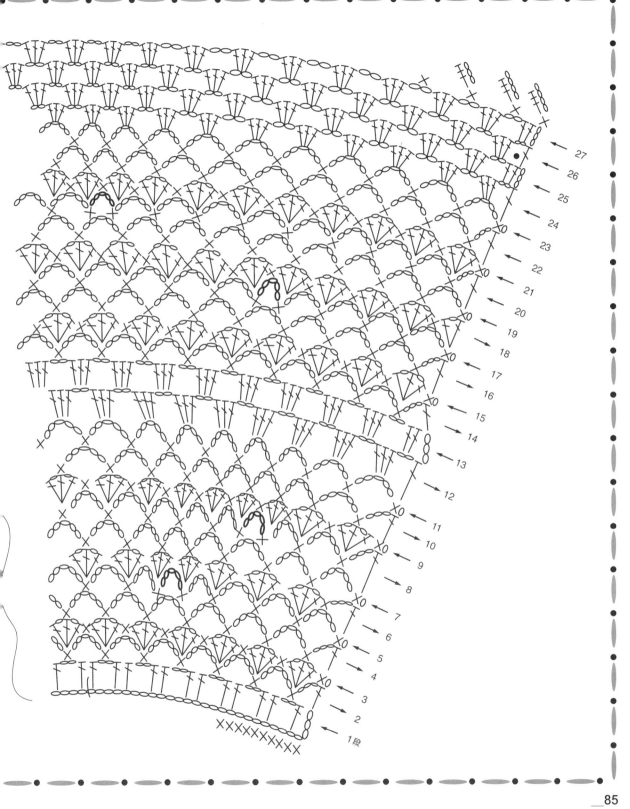

27
26
25
24
23
22
21
20
19
18
17
16
15
14
13
12
11
10
9
8
7
6
5
4
3
2
1段

蝴蝶結領圍

材料：中級混色毛線100克　工具：7號鉤針、縫針、剪刀

鉤法：

1. 製作小領圍：先起170針鎖針。
2. 如圖所示，鉤至第20段，注意分散加針的位置。
3. 第21一段鉤一圈花圈即成。
4. 製作繫繩：鉤150針鎖針即成。
5. 將繫繩穿入小領圍洞中即成。
6. 以鎖針鉤一條長約40公分帶子，上下交錯穿過領圍部分
   第一段的空洞處，當作領子的繫繩，可綁蝴蝶結。

Tips:

1. 注意分散加針的位置，才能鉤出完美正確的成品。
2. 除可當小領圍，也可做短圍裙，混搭裙子或牛仔褲。

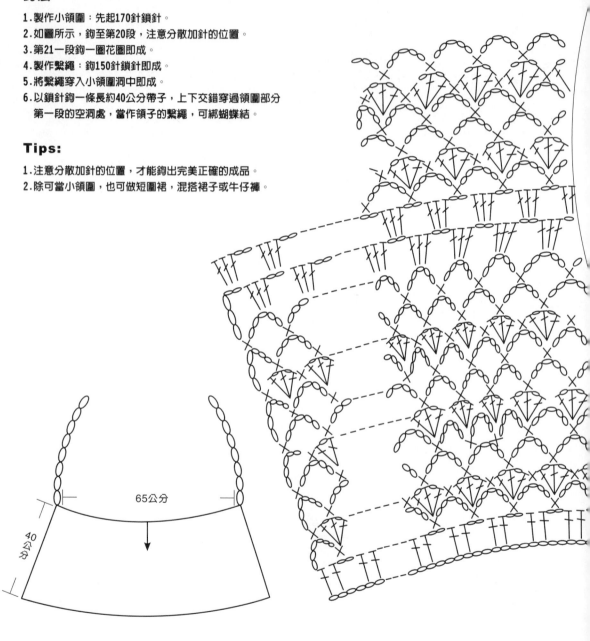

65公分

40公分

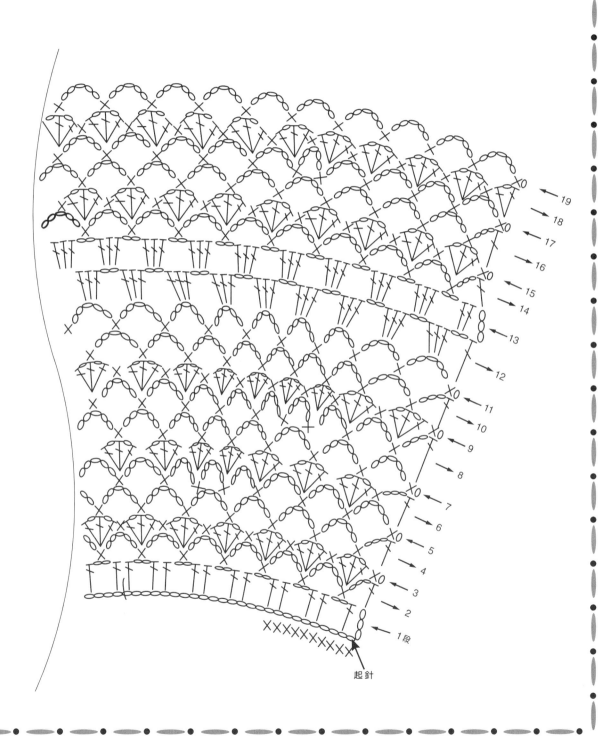

起針

1段

粉紅金蔥短罩衫

材料：中級毛線粉紅色100克、金蔥毛線1卷
工具：8號鉤針、縫針、剪刀

鉤法：

1. 為了避免毛線打結，將毛線與金蔥線分別至於不同的
   袋子裡，兩線捏在一起起針。
2. 先起60針鎖針。 3.第1至33段如圖所示鉤。
4. 第34段則以3個鎖針加1個短針的組合鉤好。
5. 參照接合圖示AB接合，CD接合，用鎖針將前後各對接
   3公分之內來接合。藏線即成。

Tips:

1. 使用鉤針時不要拉太緊，冬天的圍巾編物大多都是蓬
   鬆而美麗的。
2. 平時也可將金蔥線搭配其他毛線一起鉤，成品更富變
   化，呈現多種風貌。

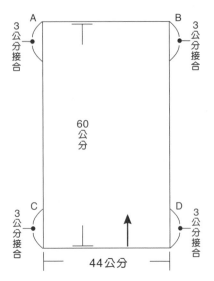

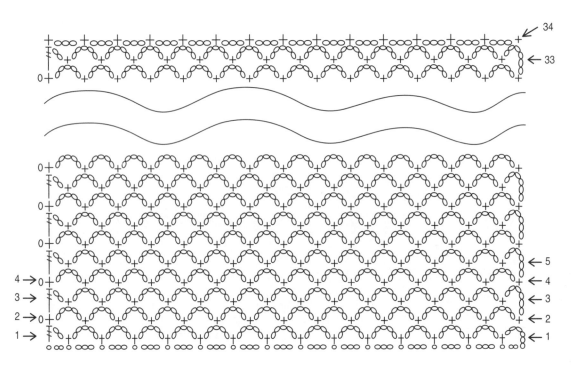

鵝黃色套頭披肩

材料：中級淡黃色毛海150克
工具：8號鉤針、縫針、剪刀

鉤法：

1. 先起82針鎖針。
2. 注意鉤第1段不要反轉，做輪狀編織。
3. 在前片與後片兩處加針。
4. 鉤到所需長度，最後在下擺與領布滾上簡單
　 花邊，藏線後完成。

Tips:

1. 重點在第一段不需反轉，才能做成
　 輪狀編織。
2. 人見人愛的經典斗篷，只要
　 織短一點，也很適合小朋友。

20段

41針

60公分

35公分

45公分

起針

紅色小可愛

材料：細級毛線紅色150克、亮片緞帶120公分
工具：5號鉤針、縫針、剪刀

鉤法：

1. 先起95針鎖針。
2. 第2段起，利用每兩段相同圖形鉤至第42段。
3. 第43段至44段鉤兩段花邊即成一片。需鉤前後兩片。
4. 利用鎖針接合前後兩片，每段接合，接合好即成背心。
5. 將緞帶穿入背心的洞中，綁成肩帶的形狀。

Tips:

1. 緞帶至少要120公分以上才夠長，太短會無法穿在身上。
2. 樣式獨特少見的毛線背心，緞帶的質感不同或粗細不同，都能
   引出不同的風味。

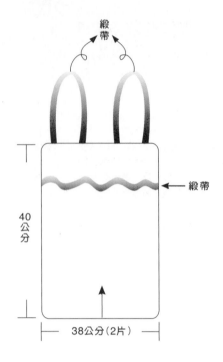

緞帶

緞帶

40公分

38公分(2片)

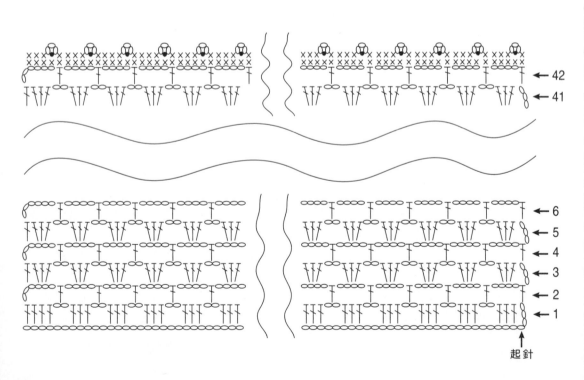

← 42
← 41

← 6
← 5
← 4
← 3
← 2
← 1

起針

圓形手袋

材料：中級毛線土色50克、咖啡色毛線少許

工具：7號鉤針、縫針、剪刀

鉤法：

1. 製作袋身：先做環狀起針10針。
2. 第2段至第5段依照模樣鉤，注意模樣編的位置，慢慢加大圓形到所需公分數。
3. 第6段起換咖啡色毛線鉤出短針和長針，繼續每10針加1針。
4. 將2片已完成的圓形毛線片對齊，一針對一針將兩片用短針包邊，留下開口20針寬做袋子開口。
5. 製作提帶：同樣取咖啡色毛線。先多留一些線頭，起鎖針6針，鉤好提帶所需長度，同樣多留一些線頭。
6. 利用提帶兩端的長線頭，縫在袋身預留的開口處，藏線後完成。

Tips:

1. 製作手提袋，需使用質地較硬一點的毛線，這樣使用時提帶才不容易變形。
2. 因為是正圓形的作品，要注意加針的位置，否則圓形會歪掉。

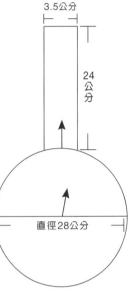

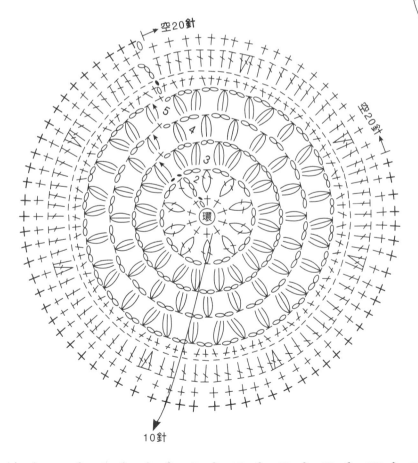

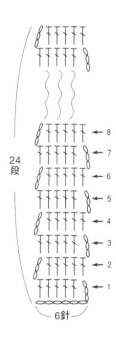

條紋手機套

材料：中級毛線咖啡色、橘黃色各少許
工具：6號鉤針、縫針、剪刀

鉤法：

1. 先起12針鎖針。
2. 如圖所示，第1段是利用短針將鎖針（起針部分）兩側和前後都繞過一圈，再開始鉤長針。
3. 參考顏色配置，第1、2段是橘黃色，第3段是咖啡色，第4、5段是橘黃色，第6段是咖啡色，第7、8段是橘黃色，第9段是咖啡色，最後第十段則是橘黃色。
4. 配色時，將線剪斷重接新換色。輪狀編織而上，最後藏線即成。

Tips:

1. 注意第一段是利用短針將鎖針兩側和前後都繞過一圈，第二段後長針兩側不需鉤。
2. 天氣冷了，手機也來一件毛衣吧！懂得方法之後，可自由選線搭配，製作屬於自己的獨特手機配袋。

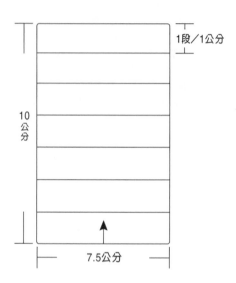

1段／1公分

10公分

7.5公分

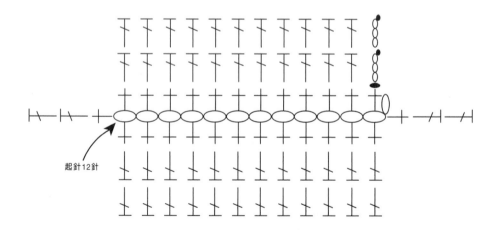

起針12針

瓢蟲手機套

材料：中級毛線深紅色、青綠色各少許
工具：6號鉤針、縫針、剪刀

鉤法：

1. 先起12針鎖針。
2. 如圖所示，第1段是利用短針將鎖針（起針部分）
   兩側和前後都繞過1圈，再開始鉤長針。
3. 參考顏色配置，第1至6段是深紅色，第7至12段
   是青綠色，最後第13段則是深紅色。
4. 配色時，將線剪斷重接新換色。輪狀編織而上，
   最後藏線即成。

Tips:

和條紋手機袋一樣，鉤第2段的時候是重點，記得
兩側不要鉤，否則織片無法鉤成立體狀的。

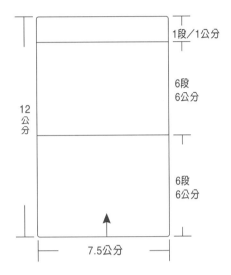

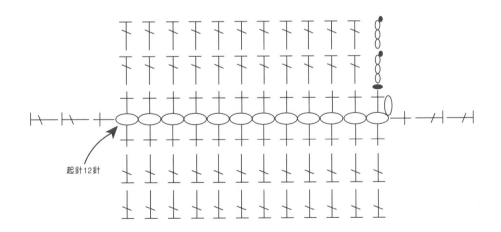

起針12針

圓形杯墊

材料：中級混色毛線適量　工具：6號鉤針、縫針、剪刀

鉤法：

1. 先做環狀起針16針。　2.第1至3段鉤長針、鎖針，鉤到所需長度。特別
   注意在每一段結束與新一段開始的變化，以及分散加針的位置。
3. 第4段是鉤短針、鎖針。

Tips:

1. 這是很常見的圓形花樣鉤法，有了圓形杯墊的基礎後，往下的圓形作
   品就會更有概念了，建議初學者嘗試。
2. 圓形作品的鉤法最需注意第一針和最後一針的連結，位置正確成品才
   會好看。

11
公
分

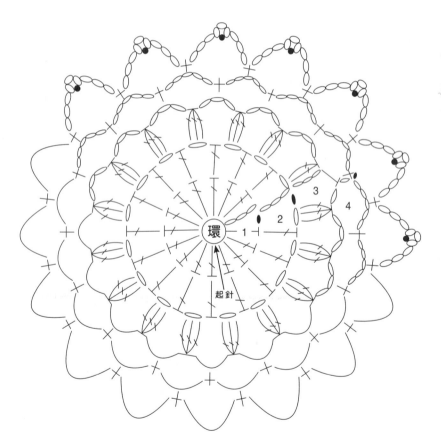

方形杯墊

材料：中級毛線咖啡色、黃色少許　工具：6號鉤針、縫針、剪刀

鉤法：

1. 先做環狀起針12針。
2. 第二段起須注意加針的位置。
3. 每段配色後減線，可留約5公分線。
4. 藏線即成。

Tips:

1. 這是相當常見的四點加針作品，屬於
   基礎做法，最適合初學者來練習！
2. 咖啡色、黃色不需用到1卷，少量就
   可完成。

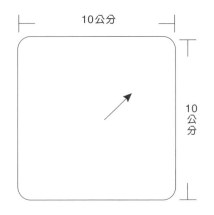

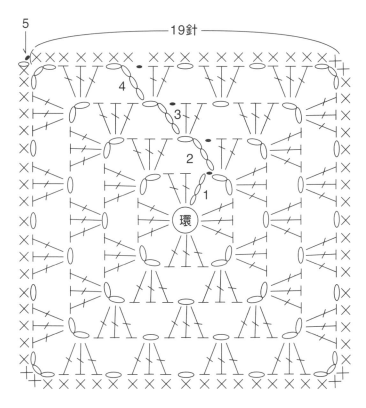

咖啡色粗髮帶

材料：中級毛線咖啡色50克　工具：6號鉤針、縫針、剪刀

鉤法：

1. 先鉤78針鎖針。
2. 如圖所示，輪狀編織，每段配色鉤至所需長度後剪線並藏線。

Tips:

可依個人喜好的長度，繼續增加長度，會有令人意想不到的效果。

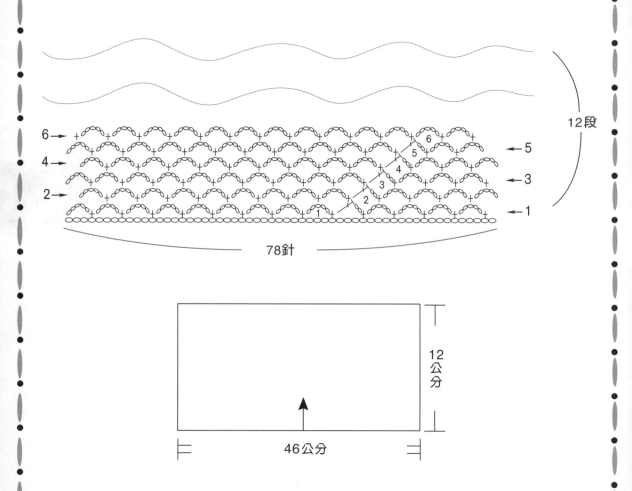

彩色髮帶

材料：中級毛線綠色、深藍色、淺藍色、紫色各約約10克
工具：6號鉤針、縫針、剪刀

鉤法：

1. 先鉤85針鎖針。
2. 如圖所示，輪狀編織，每段配色鉤至所需長度後剪線並藏線。

Tips:

1. 所謂輪狀編織，不同於單片的平面編織，是指一種繞圈而上的編法，第一段在結合時（第一針和最後一針），要仔細順好同一方向位置。
2. 剩餘不多的線無法製作其他作品，但又捨不得丟棄怎麼辦？不妨利用剩餘的線，自己配色完成一個獨特的髮帶。

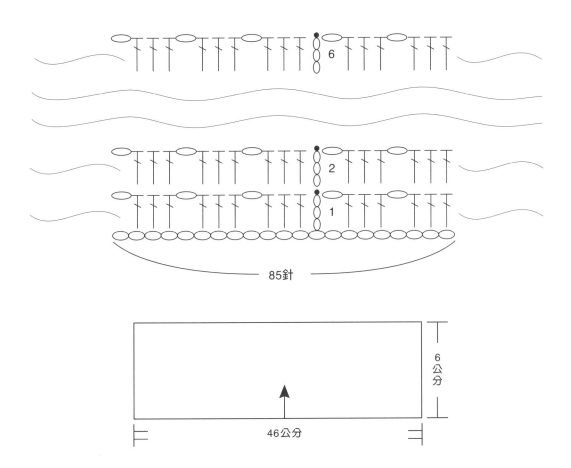

彩條手袋

材料：中級毛線黑色200克、配色毛線五色少許、提帶手把、皮繩50公分
工具：6號鉤針、縫針、剪刀

鉤法：

1. 製作袋底：先做環狀起針16針。
2. 每一段都要加針，鉤至第6段，形成84針，直徑約25公分。
3. 製作袋身：第6段起，側邊每段都不再加針，繼續往上鉤。欲換其他顏色線時，黑色線不用剪掉，需要使用黑線時再直接從後方將線拉起，配色則繞織一圈後直接剪線。
4. 一直鉤至第16段所需高度為27公分，再以短針收邊1段，即成袋身。
5. 加上手把，繞上皮繩做束口即成。

Tips:

1. 這裡的換線是採直接剪線的方式，對初學者較容易製作。
2. 手提袋重視實用度，建議可以鉤地略緊，或換小一號針，使成品更紮實，既美觀又好用。

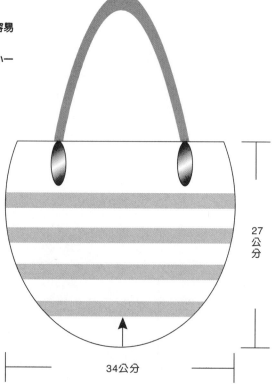

27公分

34公分

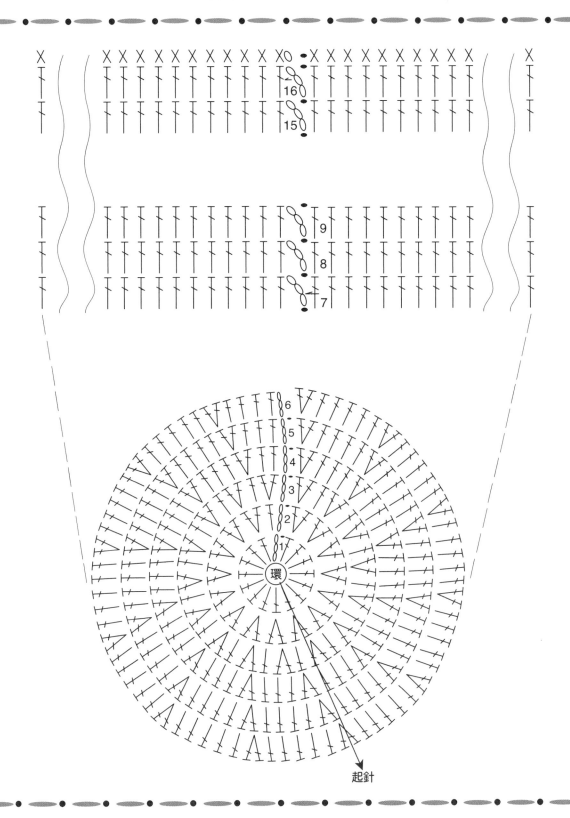

起針

國家圖書館出版品預行編目

1天就學會鉤針─飾品&圍巾&帽子&手袋&小物
作者王郁婷----初版----
台北市：朱雀文化，2006〔民95〕
面：公分.----（Hands 003）
ISBN 978-986-7544-82-7（平裝）
1.編結　2.家庭工藝
426.4　　　　　　　　95019112

1天就學會鉤針

hands
手作生活003

——飾品&圍巾&帽子&手袋&小物

作者	王郁婷
攝影	張緯宇
模特兒	鍾嘉玲
封面&版型設計	曾一凡
內頁設計&完稿	盧藝暐
編輯	彭文怡
企劃統籌	李橘
發行人	莫少閒
出版者	朱雀文化事業有限公司
地址	台北市基隆路二段13-1號3樓
電話	02-2345-3868
傳真	02-2345-3828
劃撥帳號	1923-4566朱雀文化事業有限公司
e-mail	redbook@ms26.hinet.net
網址	http://redbook.com.tw
總經銷	展智文化事業股份有限公司
ISBN13碼	978-986-7544-82-7
ISBN10碼	986-7544-82-X
初版二刷	2007.03
定價	250元

感謝作品協助製作：方玉
有疑問，請來信ephemere8@yahoo.com.tw
出版登記北市業字第1403號
全書圖文未經同意不得轉載和翻印
本書如有缺頁、破損、裝訂錯誤，請寄回本公司更換

About買書

●書店：朱雀文化圖書在北中南各書店及誠品、金石堂、何嘉仁、墊腳石、諾貝爾、法雅客等連鎖書店均有販售，如欲購買本公司圖書，建議你直接詢問書店店員，如果書店已售完，請撥本公司經銷商北中南區服務專線洽詢。
　北區（02）2250-1031　中區（04）2426-0486　南區（07）349-7445
●●上博客來網路書店（http://www.books.com.tw），在全省7-ELEVEN取貨付款。
●●●上金石堂網路書店（http://www.kingstone.com.tw）購書，可在全省全家、萊爾富、OK、福客多取貨付款。
●●●●至郵局劃撥（戶名：朱雀文化事業有限公司，帳號：19234566），掛號寄書不加郵資，4本以下無折扣，5～9本95折，10本以上9折優惠。
●●●●●親自至朱雀文化買書可享9折優惠。　缺頁、破損、裝訂錯誤，請寄回本公司更換